棚室西葫芦防病虫栽培

程永安 编著

图解

U0364872

金盾出版社

内 容 提 要

本书由西北农林科技大学程永安教授编著。本书以图文结合的形式介绍了西葫芦病虫害防治方法、栽培季节与优良品种、栽培主要棚室类型及其建造、育苗技术、棚室高效栽培技术,以及西葫芦主要病虫害防治技术,其栽培设施与配套技术具有先进性和实用性。适合广大菜农和基层农业技术推广人员学习使用,也可供农业院校相关专业师生阅读。

图书在版编目(CIP)数据

棚室西葫芦防病虫栽培图解/程永安编著 . — 北京 : 金盾出版社,2016.2(2018.4重印)
ISBN 978-7-5186-0523-1

Ⅰ.①棚… Ⅱ.①程… Ⅲ.①西葫芦—温室栽培—病虫害防治—图解 Ⅳ.①S436.42-64

中国版本图书馆 CIP 数据核字(2015)第 215702 号

金盾出版社出版、总发行
北京太平路 5 号(地铁万寿路站往南)
邮政编码:100036 电话:68214039 83219215
传真:68276683 网址:www.jdcbs.cn
中画美凯印刷有限公司印刷、装订
各地新华书店经销
开本:850×1168 1/32 印张:3.25 字数:78 千字
2018 年 4 月第 1 版第 2 次印刷
印数:5 001~8 000 册 定价:16.00 元
(凡购买金盾出版社的图书,如有缺页、
倒页、脱页者,本社发行部负责调换)

目 录

第一章　西葫芦病虫害防治方法

一、农业防治

（一）选择抗病品种

选用抗病虫的优良品种是病虫害防治的重要途径。获取优良品种的一般途径有：示范园的优良品种展示（图1-1）；不同形式的农业博览会、种子交易会；不同媒体的宣传资料；当地农技部门、种子经销商、成功种植户等的推荐。

图1-1　西葫芦优良品种展示

（二）轮作倒茬或间作

与西瓜、甜瓜相比，西葫芦抗重茬能力较强，但长期连作，也会影响西葫芦的抗病性和丰产性。在设施生产中，采用轮作倒茬的方法，可以减轻病虫害的发生，常用前后轮作的作物有"早春覆盖西葫芦 ＋ 秋番茄／秋黄瓜"、"越冬茬番茄／越冬茬黄瓜或春提早黄瓜／春提早番茄 ＋ 秋西葫芦"。间作是提高西葫芦种植效益的一种途径，也是防病虫的常用方法（图1-2）。

图1-2　日光温室西葫芦与菜豆间作套种

（三）培育无病苗

培育无菌健康苗，减少初侵染源是西葫芦生产中病虫害防治的重要手段，也是西葫芦丰产、高效栽培的基础。培育无菌健康苗的主要措施如下。

第一，选用健康种子，有条件的地方，优先选用包衣种子（图1-3）。

第二，浸种或播种前，进行种子消毒。

第三，对育苗土、重复使用的育苗基质、育苗器皿（穴盘、营养钵）进行药剂消毒，一般用广谱性杀菌剂。

第四，采用棚室育苗（图1-4至图1-6），育苗前对育苗棚内进行灭菌处理，采用的方法有药剂喷洒、烟雾熏蒸或夏季闭棚高温闷棚。

第五，通风口和门口设置防虫网。

图1-3　包衣种子

图1-4　不受季节限制的温室育苗

图1-5　冬春季日光温室育苗

图1-6　夏秋季的遮阳育苗

（四）减少栽培环境病菌

第一，调节棚室内温度和湿度，创造不利于病菌发生的环境，一般是通过控制通风口大小，调节棚内温度，通过全膜覆盖、膜下灌溉、滴灌等方法（图1-7至图1-9），降低棚内空气湿度。

第二，清除棚室周围的杂草和作物的废弃物，通过减少病虫的寄主，减少病原菌和虫源。

第三，定期群防。近年来，国内蔬菜基地式规模化生产增多，但仍以小农户生产方式为主，不同农户、不同棚室之间往往容易引起病虫的相互传染、反复传染，采用定期群防，可以减少区域内的病虫害相互传播。

图1-7　全膜覆盖

图1-8　膜下灌溉

图1-9　滴　灌

（五）提高植株抗病能力

主要是培育健康、健壮的植株，一般包括通过肥水控制，调节西葫芦植株营养生长与生殖生长的平衡，合理挂果，使植株始终处于健康、健壮的状态。

（六）清洁田园

清洁田园，及时清理作物生长过程中的病枝、病叶、病果等以及作物收获结束后的废弃物（根、茎、叶、杂草等，图1-10至图1-12），有利于防止病虫的滞留和进一步传播，是农业防治病虫害的重要措施之一。可采用深埋、焚烧方法进行废弃物处理。

图1-10　清洁田园　　图1-11　收获后作物废弃物的集中焚烧

图1-12　收获后棚内清理

（七）合理密植

根据品种特性，确定合理的种植密度，及时摘除下部老叶、病叶（图1-13），增加棚内的通风透光。

图1-13　西葫芦植株下部的老叶、病叶

二、物理防治

（一）温汤浸种、低温炼苗

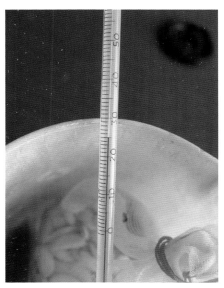

温汤浸种是种子表面消毒处理常用的方法。具体操作：将种子浸入55℃～60℃温水中，不断搅拌，待水温降至25℃～30℃时即可（图1-14）。水的用量以埋没种子为准，这个过程约10分钟左右。低温炼苗是指在幼苗定植前1周，将幼苗置于温度较低的环境下，进行炼苗，以提高幼苗抵御低温的能力。

图1-14　温汤浸种

（二）地表覆膜、高温杀菌

这种防治方法一般用于棚室夏季的空闲时间，在作物换茬的空闲期，在棚内地表铺满薄膜1周，利用覆盖产生的高温杀灭害虫、虫卵和病原菌；另一种方法是闭棚高温灭菌，也是在棚室夏季的空闲时间，晴天条件下闭棚1周，用棚内产生的高温杀灭害虫、虫卵和病原菌。

（三）驱避害虫

棚室生产驱避害虫的主要方法如下。

第一，通风口设置防虫网（图1-15和图1-16）。

第二，采用黏虫板扑杀害虫（图1-17至图1-19），目前应用较多的是黄色黏虫板和蓝色黏虫板，同时使用，主要扑杀蚜虫和白粉虱，黏虫板规格为：25厘米×40厘米，每667米^{2}悬挂30～40块。

第三，有条件的、规模较大的设施生产区，安装诱虫灯。杀虫灯有频振式杀虫灯、黑光灯、高压汞灯、双波灯，目前应用较多的是频振式杀虫灯，有太阳能电源和交流电电源（图1-20）。

图1-15　塑料钢管棚的
通风口设置防虫网

图1-16　日光温室的
通风口设置防虫网

图1-17　蓝色黏虫板的黏虫效果

图1-18　黄色黏虫板的黏虫效果

图1-19 日光温室内的黄色、蓝色黏虫板

图1-20 太阳能频振式杀虫灯

（四）采用防虫网生产

生产上用40～60目的尼龙纱网，将生产田全覆盖，以防止害虫对作物的危害。

三、生物防治

生物防治是应用各种有益生物防治病虫害，这种方法可以减少部分化学农药的用量，降低农药污染。比较成功的生物防治方法有如下4种。

（一）利用昆虫天敌

利用瓢虫防治蚜虫，利用丽蚜小蜂防治温室白粉虱，利用赤眼蜂、角马蜂防治菜青虫。

（二）利用微生物天敌

利用苏云金杆菌制剂（如Bt乳油）防治菜青虫等鳞翅目害虫，利用颗粒体病毒防治菜青虫。

棚室西葫芦防病虫栽培图解

（三）采用农用抗菌素

常用的抗菌素有：硫酸链霉素、嘧啶核苷类抗菌素、武夷菌素、浏阳霉素等。

（四）使用昆虫生长调节剂

目前使用的昆虫生长调节剂有噻嗪酮、吡丙醚等，可用于粉虱类害虫的防治。

四、化学防治

目前，化学防治仍然是棚室蔬菜病虫害控制的主要方法，防治过程中应注意如下。

第一，要按照国家标准的要求，使用许可的农药，严禁使用国家禁止使用的农药。

第二，根据农药的使用说明，进行适宜农药的混合使用，按量、按时使用。

第三，注意农药使用的间隔期，严格执行采收前化学农药使用的间隔时间，以确保蔬菜产品质量安全。

第二章 西葫芦栽培季节与优良品种

一、栽培季节

在我国北方，西葫芦已实现了周年生产，周年供应。北方地区西葫芦主要栽培方式有：用现代化温室进行西葫芦生产；利用加温式的冬暖大棚进行生产；应用普遍的是日光温室、塑料大棚、塑料小拱棚覆盖生产、地膜覆盖生产和露地生产。保护地生产中，有冬春茬覆盖生产、早春覆盖生产和秋延后覆盖生产。我国南方除炎热夏季外，均可进行西葫芦生产。表2-1、表2-2分别罗列了西葫芦不同栽培方式下的播期、应市期和不同栽培方式可能衔接的前后茬作物。

表2-1　西葫芦周年栽培主要方式

栽培方式	播种期	定植期	应市期	备注
日光温室冬春茬西葫芦栽培	9月下旬至10月上旬	10月中下旬	12月下旬至翌年5月中旬	
日光温室春茬西葫芦极早熟栽培	12月中下旬	翌年1月中下旬	3月上旬至5月中旬	
日光温室春茬西葫芦早熟栽培	1月下旬至2月上旬	2月下旬至3月上旬	3月下旬至5月下旬	
日光温室西葫芦秋延后栽培	8月上中旬	8月中下旬	9月下旬至12月下旬	
日光温室秋冬茬西葫芦栽培	9月中下旬	9月下旬至10月上旬	11月上旬至翌年2月上旬	
塑料大棚西葫芦早春栽培	1月下旬至2月上旬	2月下旬至3月上旬	3月下旬至5月下旬	
塑料大棚西葫芦秋延后栽培	8月上中旬	8月中下旬	9月中旬至11月中旬	

栽培方式	播种期	定植期	应市期	备注
塑料小拱棚西葫芦春季早熟栽培	2月上中旬	3月上中旬	4月下旬至6月中旬	
西葫芦地膜覆盖栽培	4月上旬	4月底至5月初	5月下旬至6月下旬	
西葫芦春露地栽培	4月上中旬	4月底至5月初	5月下旬至6月下旬	
西葫芦夏露地栽培	5月上中旬	5月下旬至6月初	7月上旬至9月中旬	夏季冷凉地区
西葫芦秋露地栽培	8月上中旬	8月中下旬	9月下旬	

注：表中播期、应市期以陕西关中地区为例。

表 2-2　西葫芦周年栽培前茬、后茬搭配方式

栽培方式	前　茬	后　茬
日光温室冬春茬西葫芦栽培	露地茄果类、豆类蔬菜	越夏甘蓝、菜花、芹菜、辣椒等
日光温室春茬西葫芦极早熟栽培	秋冬芹菜、秋延后番茄	越夏甘蓝、菜花、芹菜、辣椒等
日光温室春茬西葫芦早熟栽培	秋冬芹菜、秋延后番茄	越夏甘蓝、菜花、芹菜、辣椒等
日光温室西葫芦秋延后栽培	早春番茄、黄瓜、茄子、辣椒	番茄、黄瓜、辣椒、茄子
日光温室秋冬茬西葫芦栽培	早春茄科类、豆类蔬菜	甘蓝、菜花、番茄、辣椒等
塑料大棚西葫芦春季早熟栽培	秋芹菜	越夏蔬菜
塑料大棚西葫芦秋延后栽培	春番茄、黄瓜、菜豆	春早熟番茄、茄子、辣椒
塑料小拱棚西葫芦春季早熟栽培	秋冬芹菜、秋延后番茄	早秋甘蓝、菜花
西葫芦地膜覆盖栽培	绿叶菜越冬栽培	早秋甘蓝、菜花
西葫芦春露地栽培	绿叶菜越冬栽培	早秋甘蓝、菜花、芹菜
西葫芦夏露地栽培	绿叶菜越冬栽培	早秋甘蓝、菜花、芹菜
西葫芦秋露地栽培	春茬洋葱、马铃薯、豆类	绿叶菜越冬栽培

二、栽培品种

（一）京葫1号

北京市农林科学院蔬菜研究中心选育的极早熟一代杂交种（图2-1）。播种后35天左右可采摘250克以上的商品瓜，短蔓直立型，生长健壮，抗病性强，极耐白粉病。主蔓结瓜，很少侧枝。雌花多，瓜码密，雌花率达到85%以上，连续结瓜能力强，瓜膨大速度快，每株3～4个瓜可同时生长，每667米^{2}产量在

图2-1 京葫1号

6 000千克以上，丰产、稳产性好。瓜条顺直，长筒形。皮色为浅绿色网纹，商品性状好。耐贮运、耐碰撞，适合远距离运输销售。适应全国各地种植，尤其适合早春各种保护地栽培。栽培方式主要为大、中、小棚加地膜覆盖方式，每667米^{2}种植1 600株左右。

（二）京葫36

北京市农林科学院蔬菜研究中心选育的中早熟一代杂交种（图2-2）。根系发达，茎秆粗壮，长势旺盛。耐低温弱光。连续结瓜性好，膨瓜快，产量高。瓜皮翠绿色，中长柱形、瓜条均匀，光泽度好。适合北方越冬温室栽培，苗龄15～20天。重施基肥，高垄地膜覆盖栽培。大小行种植，株距60厘米，大、小行距分别为90厘米、80厘米，每667米^{2}栽植1 000～1 300株。前期

预防徒长，低温期加强温室防寒保温。及时疏花疏果，选用植物生长调节剂蘸花保果。前期防治虫害及病毒病，中后期预防白粉病。

图2-2　京葫36

（三）春玉1号

西北农林科技大学园艺学院选育的早熟一代杂交种（图2-3）。矮秧类型。植株长势强，较直立，叶色浓绿，生长中后期叶面有白色花斑。一般定植后45天左右开花，第一雌花节位为5.4节，平均1.5节出现1个雌花。连续结瓜能力强，产量高。瓜长圆柱形，瓜皮嫩白色。采收的嫩瓜，瓜长25厘米左右，横径8厘米左右。早熟性好，抗病性较强。适宜保护地及露地种植。

图2-3　春玉1号

（四）春玉 2 号

西北农林科技大学园艺学院选育的早熟一代杂交种（图 2-4）。矮秧类型。植株长势强，植株开展度 80 厘米，株高 60 厘米，较直立，叶色灰绿，叶面有白色花斑。熟性早，一般定植后 45 天左右开花，第一雌花节位为 5.4 节，平均 1.5 节出现 1 个雌花。连续结瓜能力强。瓜长棒形，瓜皮嫩白色。采收的嫩瓜，瓜长 28 厘米左右，横径 8～10 厘米。抗病性较强。适宜保护地及露地种植。

图 2-4　春玉 2 号

（五）春玉 3 号

西北农林科技大学园艺学院选育的早熟一代杂交种（图 2-5）。矮秧类型。植株长势强，抗寒性强，适应性广，早熟，抗病，高产。商品性超群，植株中等，雌花多。瓜条圆柱形，嫩瓜皮色淡绿并有乳白色小花斑，嫩瓜瓜长 23～25 厘米，横径 10～15 厘米。瓜皮有光泽。较直立，叶色灰绿，叶面有白色花斑。品种中早熟，一般定植后 50 天左右开花，第一雌花节位为 5.4 节，连续结瓜能力强。适于我国北方喜食浅皮色消费地区的日光温室、塑料大棚栽培和夏季冷凉地区露地种植。

图 2-5 春玉 3 号

（六）黄玉西葫芦

西北农林科技大学园艺学院选育的早熟一代杂种（图 2-6）。植株矮生，生长势强，无侧枝、叶绿色。瓜长棒状，纵径 25 厘米左右，横径 8～10 厘米。瓜皮乳黄，有光泽，早春播种后 50 天左右开花，花谢 1 周后可采收。果实品质佳，耐贮运。抗病性强，适应性广，适于各类保护地栽培。

图 2-6 黄玉西葫芦

（七）银碟 1 号

西北农林科技大学园艺学院选育的碟形瓜早熟一代杂交种（图 2-7）。矮秧类型。植株长势较强，较直立，分枝性较强，主、侧蔓均可结瓜，以主蔓结瓜为主。叶色淡绿，叶形掌状，无缺刻，叶面无白色花斑。第一雌花节位为 8.6 节，瓜飞碟形，瓜皮嫩白色。瓜的直径 15 ～ 25 厘米，厚度 8 ～ 10 厘米。食用嫩瓜，单瓜重 200 ～ 400 克。抗病性较强，适宜保护地及露地种植。

图 2-7　银碟 1 号

（八）东葫 2 号

山西省农业科学院棉花研究所选育的早熟一代杂交种（图 2-8）。植株长势旺，株型结构合理，叶片深绿，连续结瓜能力很强，每株 3 ～ 4 个瓜可同时生长。早熟性好，较国外同类品种提早 7 ～ 10 天。瓜长棒形，长 24 ～ 28 厘米，横径 6 ～ 7 厘米，瓜皮细腻，平滑无棱，翠绿色，商品性极佳，早春每 667 米^{2}产量达 7 000 ～ 8 000 千克，适宜春提早保护地和露地栽培。宽窄行栽培，宽行 120 ～ 140 厘米，窄行 60 ～ 80 厘米，株距 50 ～ 60 厘米，每 667 米^2 栽植 1 200 ～ 1 400 株。

图 2-8　东葫 2 号

（九）东葫 3 号

山西省农业科学院棉花研究所选育的早熟一代杂交种（图 2-9）。植株长势旺，后期不衰。第一雌花节位在 6 ～ 7 节，从出苗至采收需 40 天左右。瓜长筒形，长 23 ～ 25 厘米，横径 7 ～ 8 厘米。皮色翠绿，光泽亮丽，细嫩美观，商品性极佳。雌花密，坐瓜习性好，瓜膨大速度快，花后 5 ～ 7 天可采收 250 克重的嫩瓜。春提早栽培每 667 米^{2}产量 7 000 ～ 8 000 千克，日光温室栽培每 667 米^{2}产量达 1 万千克以上。宽窄行栽培，宽行 120 ～ 140 厘米，窄

图 2-9　东葫 3 号

行 60 ～ 80 厘米，株距 50 ～ 60 厘米，每 667 米² 栽植 1 200 ～ 1 400 株。

（十）东葫 4 号

山西省农业科学院棉花研究所选育的早熟一代杂交种（图 2-10）。植株长势旺，早熟，从播种到采收 250 克左右的嫩瓜约需 43 天。株型半蔓生，开展度大。叶片浅缺裂，叶色深绿无白色斑点。第一雌花节位 6 ～ 7 节，雌花多，成瓜率高，1 株 3 ～ 4 瓜可同时生长。商品瓜长筒形，皮色翠绿，光泽亮，高抗病毒病，适宜越夏和秋延后栽培。宽窄行栽培，宽行 120 ～ 140 厘米，窄行 60 ～ 80 厘米，株距 50 ～ 60 厘米，每 667 米² 栽植 1 200 ～ 1 400 株。

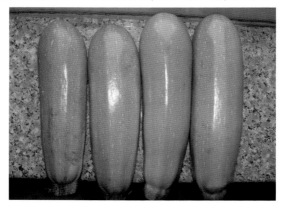

图 2-10　东葫 4 号

（十一）东葫 8 号

山西省农业科学院棉花研究所选育的早熟一代杂交种（图 2-11）。株型直立，开展度大，叶片五角深缺刻，叶色深绿，上有小量白色斑点。第一雌花节位 6 ～ 7 节，从播种至采收 250 克左右的嫩瓜约需 45 天。雌花多，成瓜率高。瓜长棒形，瓜色翠绿，受栽培季节、栽培茬口瓜色变化小，克服了当前市场推广品种在露地种植瓜色普遍变白的缺陷。高抗病毒病。宽窄行栽培，宽行 120 ～ 140 厘米，窄行 60 ～ 80 厘米，株距 50 ～ 60 厘米，每 667 米^2 栽植 1 200 ～ 1 400 株。

图 2-11　东葫 8 号

（十二）长青王 5 号

山西省农业科学院棉花研究所选育的早熟一代杂交种（图 2-12）。生长势强，后期不衰。第一雌花节位在 6 ～ 7 节，从出苗至采收需 35 天左右。瓜长棒形，粗细均匀，瓜长 23 ～ 25 厘米，横径 5 ～ 6 厘米。皮色翠绿，光泽亮丽。雌花密，连续坐瓜能力强，秋延后栽培每 667 米^2 产量 6 000 ～ 6 500 千克。耐高湿，高抗病毒病，适宜国内保护地秋延后和春提早栽培。

图 2-12　长青王 5 号

宽窄行栽培，宽行 120 ~ 140 厘米，窄行 60 ~ 80 厘米，株距 50 ~ 60 厘米，每 667 米^2 栽植 1 200 ~ 1 400 株。

（十三）长青王 6 号

山西省农业科学院棉花研究所选育的早熟一代杂交种（图

图 2–13　长青王 6 号

2–13）。植株长势旺，植株后期不衰。耐高湿，高抗病毒病。第一雌花节位在 6 ~ 7 节，从出苗到采收需 40 天左右。瓜长条顺直，浅绿色，长 25 ~ 26 厘米，横径 6 ~ 7 厘米。雌花密，结瓜性能好，平均每 667 米^2 产量可达 1.5 万千克。适于春提早保护地栽培和露地地膜覆盖栽培。宽窄行栽培，宽行 120 ~ 140 厘米，窄行 60 ~ 80 厘米，株距 50 ~ 60 厘米，每 667 米^2 栽植 1 200 ~ 1 400 株。

（十四）寒　丽

山西省农业科学院蔬菜研究所选育的早熟一代杂交种（图 2–14）。植株株型紧凑，生长势强，生长整齐一致，叶绿色少白斑。嫩瓜皮浅绿色带细微网纹，商品性较好，一般每 667 米^2 产量 5 000 千克左右。适于早春保护地和露地种植。

（十五）春葫一号

山西省农业科学院蔬菜研究所选育的早熟一代杂交种（图

2-15）。植株株型紧凑，较少分枝，生长势较强，半蔓生。叶片缺刻较浅，叶色绿色，上有小量白斑。雌花多，成瓜率高，商品瓜形匀称，瓜蒂小，嫩瓜皮浅绿色，有光泽，外观品质优良。适宜早春保护地种植。

图 2-14　寒　丽

图 2-15　春葫一号

（十六）合　玉　丽

山西省农业科学院蔬菜研究所选育的早熟一代杂交种（图2-16）。中早熟，从播种至采收 250 克左右的嫩瓜需 50 天左右。适宜早春设施栽培。持续结瓜性强，采收期长。在皮色、光泽度方面优于冬玉，外观品质优良。每 667 米^2 栽种 1 600 株左右为宜。

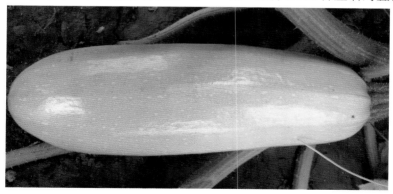

图 2-16　合　玉　丽

（十七）合 玉 青

山西省农业科学院蔬菜研究所选育的早熟一代杂交种（图 2-17）。从播种至采收250克左右的嫩瓜需45天左右。株型半蔓生，开展度大。叶片缺刻浅，叶绿色，上有少量白色斑点。第一雌花

节位6节，雌花中等，成瓜率高，商品瓜为直筒形，瓜条长且瓜皮亮绿青色。商品性好。每667米^{2}栽种1800株左右为宜。适于早春拱棚栽培和露地栽培。

图 2-17　合 玉 青

（十八）玉 莹

中国农业科学院蔬菜花卉研究所选育（图2-18）。植株矮生，生长势中等，开展度小。早熟，第一雌花节位5节左右，几乎节节有瓜，结成性强。瓜形棒状，粗细较均匀。瓜皮浅绿色带有白色斑点，光泽度好。商品瓜长18～20厘米，横径6厘米左右。喜肥水，抗病性及耐低温弱光能力强。每667米^{2}产量5000千克以上。适宜全国各地冬春季各种保护地及露地种植。苗龄15～20天。每667米^{2}种植1600～2000株。

图 2-18 玉 莹

（十九）金 色 98

西北农林科技大学园艺学院选育的早熟一代杂种（图 2-19）。植株矮生，生长势强，主蔓结果，侧枝较少。叶片绿色，并有白斑。瓜长棒状，有细枝，瓜长 20～25 厘米，横径 5～8 厘米，瓜皮金黄色，有光泽。早春播后 45～50 天开花，瓜码密，连续坐果能力强。果实品质佳。耐寒、耐病、适应强，可用于保护地栽培。

图 2-19 金 色 98

（二十）陇葫1号

图2-20　陇葫1号

甘肃省农业科学院蔬菜研究所选育的杂交一代（图2-20）。短蔓性，生长势强，瓜条匀称美观，商品率高，高温条件下坐瓜性能好，形成产量迅速集中。中抗白粉病和病毒病。果实淡绿色，瓜圆筒形，瓜长20厘米，横径$5.6 \sim 4.7$厘米。适合春露地、夏复种茬口露地栽培，一般每667米^{2}产量4 400 ～ 5 000千克。

（二十一）冬　玉

法国品种（图2-21）。瓜长24 ～ 25厘米，横径7 ～ 8厘米，皮色翠绿，商品性佳。植株长势旺盛，抗寒、抗病性强，节间短，株型紧凑，带瓜能力强，产量高，低温期不易出现畸形瓜。适合北方越冬大棚种植。

（二十二）法 拉 丽

植株长势旺盛，茎秆粗壮，叶片大而厚，耐低温弱光好，结瓜力强（图2-22）。瓜长26 ～ 28厘米，横径6 ～ 8厘米，单瓜重300 ～ 400克。瓜条长，瓜形稳定，膨瓜快，耐存放，瓜皮光滑细腻，油亮翠绿，商品性极好。春节后返秧快，产量高，抗逆、抗白粉病好，单株收瓜可达35个，每667米^{2}产量15 000千克以上。

图 2-21 冬 玉

图 2-22 法拉丽

（二十三）凯 撒

法国品种（图 2-23）。植株长势旺盛，茎秆粗壮，叶片大而厚，带瓜力强，瓜长 22 ～ 24 厘米，横径 6 ～ 8 厘米，单瓜重 300 ～ 400 克，瓜色翠绿，商品性极好。产量高，抗逆、抗白粉病好，单株收瓜可达 35 个以上，每 667 米^2 产量 15 000 千克左右。

图 2-23 凯 撒

此外，还可选用京葫 2 号、京葫 3 号、京葫 5 号、京葫 12 号、京葫 8 号、京葫 CRV1、京葫 CRV3、京葫 36、寒绿 1042、盛玉 7049、冬圣二号、寒玉 1209、寒盛 7070、赛玉、珍玉 8 号、珍玉春丽、珍玉 10 号、珍玉 35、珍玉 17、珍玉小荷、珍玉黄金等品种。

第三章 西葫芦栽培主要棚室类型及其建造

一、日光温室

日光温室是西葫芦栽培的重要设施之一，有多种类型。

（一）日光温室的主要类型

1. 可加温日光温室　这种温室投资较大，一般由砖墙、保温板、集中供热或大锅炉供暖（水暖）等配套组成，受外界气候影响小，棚内温度稳定均匀（图 3-1）。

图 3-1　加温日光温室平畦地膜滴灌栽培

2. 可加温、喷雾（水）日光温室　这种温室是由普通日光温室改造而成，一般加建一个土锅炉、喷水系统，对于育苗特别有利，投资小，功能全（图 3-2）。

图 3-2　加温日光温室＋喷淋系统育苗

　　3. 无支架钢管日光温室　这种温室有两种，一种是由砖墙、保温板、保温被等配套组成，外表比较漂亮，后墙防雨效果较好，但投资较大（图 3-3）；另一种后墙为土墙，为了防雨，后墙外表多用砖砌一层，或上缘、后墙面有遮雨物，墙的厚度 1.2 ～ 4.5 米不等，保温效果较好，经济实惠（图 3-4）。

图 3-3　无支架钢管砖墙日光温室滴灌栽培

图 3-4　无支架钢管土墙日光温室

　　4. 木支架竹混日光温室　这种温室土墙、木支柱，投资小，相对简陋（图 3-5）。

图 3-5　木支架日光温室

5. 水泥柱支架竹混日光温室　与前种温室基本相同,投资小,回收速度快,受一般小农户喜爱(图3-6)。

此外,还有大跨度多支架混合结构日光温室类型(图3-7)。

图 3-6　大跨度水泥支架日光
温室西葫芦栽培

图 3-7　大跨度多支架混合结构
日光温室西葫芦栽培

（二）日光温室的选址和建造

日光温室的类型较多,但温室选址与场地规划、同一材质建造的基本方法是相同的,只是在长、宽、高的数据上不同。建造时,可根据自己设计的数据进行建造。在此以山东Ⅲ型、山东Ⅳ型、山东Ⅳ型（寿光型）的结构为例介绍日光温室的建造方法。

1. 日光温室选址与场地规划的基本要求　日光温室的位置应符合无公害蔬菜产地环境条件的规定。并要求土层深厚，地下水位低，富含有机质，无污染。温室所建的地方周围无遮阳物，通风条件好但不能位于风口处，排灌方便，水质良好。

场地规划要求：温室方位坐北朝南，东西延长，其方位以正南为佳。若因地形限制，采光屋面达不到正南向时，方位角偏东或偏西不宜超过5°。温室的长度以50～80米为宜，此范围内单位面积造价相对较低，室内热容量较大，温度变化平缓，便于操作管理。前后温室的间距一般为前栋温室后墙最高点高度的2.5～3倍。

2. 日光温室的建造

（1）墙体　日光温室的墙体分土墙和砖墙2种。

土墙厚度因地区不同而异，基部厚度范围在180～600厘米，顶部在120～150厘米。可采用板打墙、草泥垛墙、土坯砌墙、推土机筑墙。后墙离地面100厘米处留通风窗，规格为50厘米×40厘米，窗框用水泥预制件。北方秋季多雨，后墙（土墙）常因漏雨坍塌，因此墙顶或后墙表面应做防雨处理（图3-8和图3-9），可用水泥预制板封严，或用石棉瓦盖顶，或用塑料膜盖于墙外表面，再覆盖布毯（图3-10）。墙内铲平抹灰（图3-11）。

图 3-8　墙顶处理（盖石棉瓦）

图 3-9　墙顶墙外表处理

图 3-10　墙外表处理

图 3-11　墙内处理

　　砖墙厚度一般为 55 ～ 80 厘米，由 24 墙、12 墙、保温层组成（图 3-12 至图 3-14）。砖墙厚度主要受填充的隔热材料影响，隔热材料可用干土、蛭石、珍珠岩、保温苯板。为保证墙体坚固，需开沟砌墙基。墙基深度 40 ～ 50 厘米，挖宽 100 厘米的沟，填入 10 ～ 15 厘米厚的掺有石灰的二合土，夯实。然后用砖砌垒。当墙基砌到地面以上时，为了防止土壤水分沿墙体上返，需在墙基上铺两层油毡纸或塑料薄膜。大跨度日光温室（内跨度 9 米以上）在北墙设双层通风窗，规格 50 厘米 ×40 厘米。

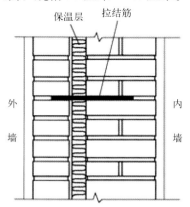

图 3-12　砖砌异质复合墙体示意图

图 3-13　砖墙墙体

图 3-14　保温苯板

（2）后屋面　有后排立柱的日光温室可先建后屋面，后上前屋面骨架。为保证后屋面坚固，后立柱、后横梁、檩条一般采用水泥预制件（或钢材）。后立柱埋深 40 ～ 50 厘米，需立于石头或水泥预制柱基上，上部向北倾斜 5 ～ 10 厘米，防止其受力向南倾斜。后横梁置于后立柱顶端，东西延伸。檩条的一端压在后横梁上，另一端压在后墙上。将立柱、横梁、檩条固定牢固。

无立柱日光温室（图 3-15）可先建屋面骨架。后屋面可先用水泥预制件封严，再用保温材料覆盖。保温材料多用蛭石、苯板或农作物秸秆。保温材料之上再用水泥预制板或 1：3 水泥砂浆炉渣灰覆盖成上坡下平，厚度 5 ～ 15 厘米，便于人操作时走动。为

图 3-15　无立柱温室的后屋面

31

了便于卷放草苫，可在距屋脊 60 厘米处，用水泥做一小平台。

（3）骨架　骨架可分为 3 种类型。

水泥预制件与竹木混结构立柱规格：后立柱为 10 厘米 ×10 厘米钢筋混凝土立柱，中立柱为 9 厘米 ×9 厘米钢筋混凝土立柱，前立柱为 8 厘米 ×8 厘米钢筋混凝土立柱。后横梁为 10 厘米 ×10 厘米钢筋混凝土柱。前纵肋用 6 ～ 8 厘米的圆竹。后坡檩条用 10 ～ 12 厘米的圆木。主拱杆用直径 9 ～ 12 厘米圆竹，副拱杆用直径 5 厘米左右的圆竹。用 10 ～ 12 号冷拔钢丝东西向拉琴弦，每 25 ～ 30 厘米一道。用 12 号铁丝绑拱杆、横杆。

钢架竹木混结构立柱为 50 毫米无缝镀锌管，主拱梁为直径 27 毫米无缝镀锌管 2 ～ 3 根构成，副拱杆为直径 5 厘米左右的圆竹。后横梁用 50 毫米 ×50 毫米 ×5 毫米角铁或直径 60 毫米无缝镀锌管。中纵肋、前纵肋用直径 21 毫米、27 毫米无缝镀锌管或 12 毫米圆钢。后坡檩条用 40 毫米 ×40 毫米厚度为 4 毫米角铁或直径 27 毫米无缝镀锌管。用 10 ～ 12 号冷拔钢丝东西向拉琴弦，每 25 ～ 30 厘米 1 道。用 12 号铁丝绑拱杆、横杆。

钢架结构分为无立柱和有立柱（立柱用直径 50 毫米无缝镀锌管）两种。有立柱的主拱梁用直径 27 毫米无缝镀锌管 2 ～ 3 根，副拱杆直径 27 毫米无缝镀锌管 1 根。后横梁用 40 毫米 ×40 毫米 × 厚度为 4 毫米角铁或直径 34 毫米无缝镀锌管。后坡纵肋、中纵肋、前纵肋可用直径 21 毫米无缝镀锌管。

（4）覆盖物　包括透明覆盖物和不透明覆盖物。

透明覆盖物主要采用 PVC 膜（厚度 0.1 毫米）、PE 膜（厚度 0.09 毫米）、EVA 膜（厚度 0.08 毫米）。薄膜透光率使用后 3 个月不低于 85%，使用寿命大于 3 个月，流滴防雾持效期大于 6 个月。不透明覆盖物主要有草苫、保温被。

此外，与日光温室建设配套的有手动卷帘机、自动卷帘机、手动卷膜机（图 3-16）及压膜线（图 3-17）。温室类型不同，薄膜的固定方式也不同（图 3-18 和图 3-19）。

图 3-16　手动卷膜机

图 3-17　压膜线的固定

图 3-18　棚膜在山墙端的固定（砖墙）

图 3-19　棚膜在山墙端的固定（土墙）

二、钢管塑料大棚

（一）钢管塑料大棚的主要类型

钢管塑料大棚的类型较多，有固定的型号规格。西葫芦栽培采用较多的是：单钢管 6 米型塑料大棚（图 3-20），双钢管 6 米型塑料大棚（图 3-21），双钢管 9 米型塑料大棚（图 3-22），双钢管 8 米型塑料大棚（图 3-23），单钢管 9 米型塑料大棚（图 3-24）。塑料大棚的跨度与钢管的材质、粗度以及管材的密度有关系。

图 3-20　塑料钢管棚＋平畦地膜吊蔓栽培

图 3-21　双钢管塑料大棚（6 米）

图 3-22　双钢管塑料大棚（9 米）

图 3-23　塑料钢管棚＋高垄地膜滴灌吊蔓栽培

图 3-24　单钢管塑料大棚（9 米）

（二）钢管塑料大棚的建造

钢管塑料大棚选址和场地选择基本同日光温室。可以自己建造，也可以委托专业公司建造。从建造过程可以分为直接插建和通过圈梁间接插建。

1. **直接插建**　先平整地面并找到水平面，在按照图纸要求画线，按拱架距离打孔。孔的深度为 40～50 厘米。插拱杆并进行连接，按照图纸安装几道拉杆和固膜槽，最后安装薄膜和压膜线（图 3-25 至图 3-27）。

图 3-25　直接插建大棚之一

图 3-26　直接插建大棚之二

图 3-27　直接插建大棚之三

2. **圈梁间接插建大棚** 先平整地面并找准水平面，夯实圈梁处，建造圈梁(图3-28和图3-29)。圈梁为混凝土现浇或砖混结构。圈梁长度一般为50米左右，规格为25厘米×30厘米。建造圈梁同时，按照拱杆距离要求埋插座（图3-30）。等圈梁凝固后，安装拱杆（图3-31）、拉杆、固膜槽，覆盖薄膜（图3-32），安装压膜线并安装手动型卷膜机（图3-33和图3-34）。压膜线下端一般固定在棚底部的压膜槽上或通过地锚埋在土中，压膜线的多少依当地风力的大小和次数而定。

棚室西葫芦防病虫栽培图解

图 3-28 砖混圈梁结构

图 3-29 混凝土现浇圈梁

图 3-30 混凝土现浇圈梁上的插座

图 3-31 安装拱杆

图 3-32 覆 膜	图 3-33 安装压膜线

图 3-34 安装手动卷膜机

三、竹混结构塑料大中棚

（一）竹混结构塑料大中棚的类型

这种类型的大棚随意性较大，主要受取材方便的程度、种植者投资能力的大小、气候等因素的影响。常见的类型如图 3-35 至图 3-46 所示。

图 3-35　单柱型塑料中棚（5 米）

图 3-36　三柱型塑料中棚

图 3-37　双柱型塑料中棚

图 3-38　无支柱塑料中棚

图 3-39　单柱形塑料大棚（6 米）

图 3-40　无支柱竹混（水泥）塑料大棚

棚室西葫芦防病虫栽培图解

图 3-41　多支柱塑料大棚（8 米）

图 3-42　混凝土骨架塑料大棚

图 3-43　无支架混凝土塑料棚高垄地膜爬地栽培

图 3-44　钢混结构塑料棚高垄地膜吊蔓栽培

图 3-45　大跨度竹混棚平畦地膜栽培

图 3-46　竹木棚 3 膜覆盖栽培

（二）塑料大中棚的建造

　　竹混塑料大中棚建造相对比较容易，一般自己可以建造，建造的程序基本同钢管塑料大棚。对于无立柱大中棚，画线定位后先插拱杆，使其成拱形，再安装几道拉杆。对于有立柱大中棚，画线定位后，先栽立柱（立柱深度30～50厘米），大棚两端的立柱向棚外方向倾斜30°左右（图3-47）。安装棚脊或脊绳（一般为冷拔钢丝绳），脊绳两端用地锚（石头）固定（图3-48），其后再插和固定拱杆（图3-49和图3-50）。如果是大跨度大棚，可先安装顶部拱杆，再安装侧面的拱杆。拱杆的材质可以是水泥预制件、钢管、竹竿，也可以是混合型。竹竿的粗度从直径3～12厘米不等。用细铁丝或绳将拱杆固定在脊梁或脊绳上（图3-51和图3-52）。大跨度大棚，拱梁有时为水泥预制件或直径10厘米的竹竿，立柱与拱梁的固定一定要牢，同时防止划破薄膜（图3-53和图3-54）。棚膜的固定方式较多，但应注意与薄膜接触部位防止划破（图3-55）。

图3-47　埋立柱

图3-48　下脊线地锚（石头）

图3-49　插拱杆

图3-50　固定拱杆

图 3-51　固定拱杆（大
跨度棚先顶部后侧面）

图 3-52　侧面拱杆的固定

图 3-53　拱杆在立柱上的
固定方式之一

图 3-54　拱杆的固定方式之二

图 3-55　塑料大棚棚膜的固定

四、塑料小拱棚

（一）塑料小拱棚的主要类型

这类棚型随意性更强。主要是随西葫芦生长需要而定。主要有以下3种类型：2.4米型棚跨度为2.4米，一般高度1.1米左右，正好用宽4米的薄膜覆盖；4米型棚跨度为4米，一般高度1.3米左右，正好用6米宽的薄膜覆盖；1.2米型棚跨度为1.2米，一般高度0.5米，正好用2米宽的薄膜覆盖。

（二）塑料小拱棚的搭建

这类棚的搭建相对简单，一般生产者结合整地自己搭建。以搭建2.4米型棚为例，介绍建棚过程（图3-56至图3-62）。程序是先整平土地，按照种植计划做灌溉渠，再做畦。畦梁要宽，畦梁心要踩实（以便插杆埋薄膜），施入基肥，整平畦面，然后插杆，

图 3-56 修　渠

图 3-57 做　畦

绑拱杆、脊竿、肋杆。最后覆盖薄膜。绑杆时特别注意，绳子一
定要绑紧，避免松动。

图 3-58 施 肥

图 3-59 插 拱 杆

图 3-60 绑 拱 杆

图 3-61 杆的接头

图 3-62 绑杆成棚

第四章 西葫芦育苗技术

一、西葫芦常规育苗技术

育苗是西葫芦春季早熟覆盖栽培的重要环节。由于育苗处于低温期，能否适时培育出适龄壮苗成为实现早熟、丰产栽培目标的前提。

（一）播前准备

1. 播期的确定 确定播期的依据：一是定植的时间，涉及上茬作物腾地的时间。二是育苗棚内的给温能力。温度能随时完全满足需求的，育苗时间较短；不能完全满足需求的，则需时间较长。目前，西葫芦在温室育苗较多，一般隆冬季节育苗苗龄20～30天。冷床育苗苗龄更长。

2. 育苗床的准备 育苗床可设在加温温室、日光温室、塑料大棚之中，个别也有用阳畦或冷床育苗。育苗床，多数为冷床育苗，也有用温床育苗。热源有电热线、有机酿热物和电炉丝加热。有的地方为保证育苗质量和出圃时间，采用温室＋温床育苗或温室＋冷床育苗＋电热线，效果很好。值得注意的是，此期育苗正值隆冬季节，育苗土应在冬前准备好，特别是所需的腐熟有机肥，一定要在温度高的夏季堆沤腐熟。培养土中所有的有机物质必须是腐熟的，培养土中若混有未腐熟的有机质会引起土壤虫害。苗床准备必须在播种前10天完成。

3. 育苗土的配制 培育无病菌的壮苗，要求营养土必须具备一定肥力，质地疏松且无病虫害。具体做法是：用未种过瓜类作物的大田表土，常以种过葱蒜类蔬菜的园土为好，与腐熟过筛的优质有机肥料（以马粪、鸡粪、羊粪为佳），按7∶3或6∶4或5∶5比例混合而成。若土质黏重，则可加入一定量的炉灰、沙子、石灰石等；若肥力不够，则可加入适量的化肥。一般每立方米营养土加尿素500克、磷酸二氢钾300克，充分混匀。在上述营养土中加入消毒药剂进行消毒，即每1 000千克营养土中加50%多菌灵可湿性粉剂100克，或2.5%敌百虫可湿性粉100克，或65%代森锌可湿性粉剂300～400克，或用200～300毫升福尔马林（40%甲醛）加水25～30升喷洒后闷2～3天。上述药剂与营养土混匀后堆放备用。

无土育苗基质配制：由于穴盘腔小，基质容量少，因此要求基质营养丰富，持水能力强，基质与穴盘不容易粘连，利于取苗。一般要求配制专门的育苗基质。目前市场上有专用的育苗基质，如果基质用量大，可以自己配制。推荐的配方为：草炭0.75米³，蛭石0.13米³，珍珠岩0.12米³，生石灰3千克，过磷酸钙（20%五氧化二磷）1千克，复合肥（氮、磷、钾比例为15∶15∶15）1.5千克，消毒干鸡粪10千克；或草炭0.7～0.8米³，蛭石0.2～0.3米³，硝酸铵700克，过磷酸钙（20%五氧化二磷）700克，酌情加生石灰以调节基质使pH值达到6.8左右。上述原料应充分混匀，之后闷制保存（图4-1）。穴盘用育苗基质不能用黏质土

图4-1　无土基质闷制与保存

壤，否则取苗困难。

4. 育苗容器 包括营养钵育苗和穴盘育苗。营养钵育苗是一项重要的护根措施，常用的类型及其制作方法如下。

（1）纸筒营养钵 先用马口铁做成模具，尺寸为 7 厘米 ×7 厘米 ×10 厘米的方盒，或直径为 10 厘米的圆柱筒，底部焊接上一个把。将旧报纸裁成长 35 厘米、宽 13 ~ 17 厘米的纸条，将营养土装入模具内。然后把裁好的纸条裹在模具外面，将模具口部的报纸向内折成钵底，倒扣在苗床内，再拔出模具，将纸筒排放整齐，不留空隙（图 4-2）。摆放时使纸筒的一侧有依靠，免得纸筒散开。装土时，土不能装得过满，一般离上缘 1 ~ 1.5 厘米。播种前浇水时一定要没过纸袋，避免灌水不均而影响育苗效果。

图 4-2 纸筒营养钵

（2）塑料营养钵 是近年来蔬菜育苗使用较普遍的方式。塑料营养钵用聚乙烯塑料压制而成，钵壁厚 0.1 厘米，质软，多数产品为圆形，上口略大，底部有水孔，如小花盆状。塑料营养钵的规格较多，西葫芦一般使用上口径为 8 ~ 10 厘米塑料钵。塑料营养钵可用无土基质，也可以用普通营养土。注意：装钵的营养土（基质）不能太满（图 4-3）；营养钵摆放的宽度以 1 ~ 1.2 米为宜，过宽不便于

图 4-3 塑料营养钵装钵

幼苗管理（图4-4）。

图4-4 营养钵摆放

（3）塑料育苗穴盘 穴盘是近年来蔬菜育苗较先进的器具，与现代化的育苗方式、温室生产、机器播种相配套。塑料育苗穴盘多用聚乙烯塑料压制而成，盘壁厚0.1～0.3厘米。西葫芦育苗一般使用的是70孔或56孔穴盘，并采用以草炭为主要原料的育苗基质，不能采用含土的育苗基质或营养土。装盘与摆放见图4-5至图4-7。

图4-5 装 盘

图4-6 刮 平

图 4-7　穴盘的摆放

（二）种子处理与催芽

1.**精选种子**　品质好新鲜的种子，其表面具有光泽，发芽率高；陈旧种子无光泽，发芽力低（图 4-8）。秕籽、虫蛀、带病伤、破碎的种子容易引起出苗困难或导致幼苗残次（图 4-9 至图4-11）。筛选种子时应清除杂籽、秕籽及虫蛀、带病伤、破碎的种子，选留籽粒饱满、完整的种子。一般每 667 米^{2}用种量为 200 克左右。

图 4-8　种子精选

图 4-9　不饱满种子导致的残缺苗

图 4-10　不饱满种子导致幼苗不健康　　图 4-11　不饱满种子导致质量差

2. 种子处理　由于西葫芦种子上可能带有枯萎病、炭疽病、疫病等多种病原菌，因此一般多采用温汤浸种和其他种子表面消毒的方法处理种子（温汤浸种具体操作见第一章第二部分有关内容）。药剂消毒常用 50% 多菌灵（苯并咪唑）可湿性粉剂 500 倍液浸种 1 小时，用清水冲洗后再用清水浸种 6～8 小时，或用 0.1%～0.2% 高锰酸钾溶液浸种 30 分钟，或用 1% 硫酸铜浸种 5 分钟，或用 40% 甲醛 150 倍液浸种 90 分钟。药剂消毒一般要求在浸种前进行，药剂浸种后应立即用清水冲洗，以免发生药害。浸泡所用药液温度为 30℃，药液浓度不能过高或过低。

3. 催芽　种子经过上述方法处理后，淘洗几遍，捞出清洗，将种子表面的黏液污物洗去，去水甩干，用湿布包好，置于恒温箱中使其处于 25℃～28℃ 条件下催芽。催芽过程中要常翻动种子（每天翻动 1～2 次），使种子均匀感受温度。经 2 天左右便开始出芽（图 4-12），大部分种子露白芽时便可播种（图 4-13）。

图 4-12　分拣未出芽种子（图左）

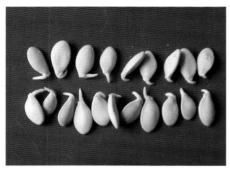

图 4-13　适宜播种的芽态

（三）播　种

播种前给苗床内事先摆好的营养钵、营养袋、纸钵或床土灌水，水要浇透。水渗下后，上覆一层干的培养土（0.3厘米厚），即可播种。每营养钵（方块）内点播 1～2 粒萌发的种子。采用营养钵育苗的，播种时种子平放，芽端向下，播后立即覆盖 1～2 厘米厚的培养土。采用切块育苗的，用刀在床面按 10 厘米见方切成方格，在方格中央播种。播种后覆盖培养土 2～3 厘米厚，厚度要均匀。之后应覆盖地膜以保持苗床的温度和湿度，经 1 周左右即可出苗。当 70%～80% 的幼苗开始拱土时必须及时去掉地膜，以免烧苗。穴盘育苗时，先用拇指轻压穴中基质，使其下陷 1 厘米左右（图 4-14），平放发芽种子（图 4-15），覆基质 1～2 厘米厚（图 4-16），覆膜保墒（图 4-17）。播种时注意胚尖朝下，如果朝上，可能导致露根（图 4-18）。播后覆土不能太薄，否则引起种子"戴帽"（图 4-19）。

图 4-14　穴中压坑

图 4-15　种子平放，胚尖朝下

图 4-16　播种后覆土（基质）

图 4-17　播种后覆膜保墒

图 4-18　胚尖朝上导致
幼根向上（出土）

图 4-19　覆土过薄引发种子"戴帽"

（四）苗期管理

西葫芦幼苗期对温度、光照十分敏感，幼苗花芽分化的质量很大程度上取决于苗期的温度、光照管理，水分也是影响幼苗质量的一个重要因素。因此，做好温度、光照和水分管理十分重要。此期育苗管理的重点是保温、降湿、增加光照，及时防治低温、高湿环境引起的苗期病害。

1. 温度管理　播种选择晴天下午进行。南瓜种子发芽适温为 25℃～30℃，同时要求 5 厘米地温达到 15℃以上，一般是幼苗出土前使育苗床内的温度白天保持在 30℃左右，使土壤保持较高的温度，加快出苗速度，最好使幼苗 5 ～ 7 天内出齐，否则幼苗质量会受到影响。幼苗出土后，立即揭去薄膜（图 4-20 和图 4-21），并适当通风，降低温度和湿度。一般管理温度白天 25℃ ～ 28℃，夜间 15℃ ～ 18℃。随着幼苗长大，应逐渐降低温度，通常白天温度控制在 22℃ ～ 26℃，夜间 15℃。此后随天气的变化逐步加大通风和延长光照时间，并逐渐降低气温。在定植前 7 ～ 10 天进行炼苗，使之适应定植后的环境。苗期温度管理切忌温度过高或过低，温度过高容易引起幼苗徒长（图 4-22 和图 4-23），温度过低容易引起倒苗和病害（图 4-24 和图 4-25）。

2. **光照管理** 要培育壮苗，光照十分重要。为提高日照强度，应在保证温度的条件下，尽量早揭、晚盖覆盖物。一般在定植前 1 周，除去覆盖物，使幼苗得到充足的阳光。

图 4-20　幼苗出土

图 4-21　及时揭去薄膜

图 4-22　高温引发的"高脚苗"

图 4-23　高温引起幼苗徒长

图 4-24　低温引发的"倒苗"　　　　图 4-25　低温高湿引起病害

3. 肥水管理　营养钵育苗，含水量和水分来源很有限，应及时补水。切块育苗，播前浇足水分后，一般正常情况下可不再浇水，主要采用覆土保墒。育苗期间一般不施肥，但若苗龄过长，则应补充营养，随灌水施肥，一般施用 0.5% 磷酸二氢钾溶液，施肥浓度过高易产生烧苗现象。

西葫芦幼苗在不同的环境条件下，有不同的生态表现，当苗床温度过低时，幼苗生长缓慢，叶片边缘下垂，叶色黄绿。当苗床温度适宜时，下胚轴粗短，子叶肥大，叶片宽而厚，叶色深绿，显得壮实（图 4-26）。因此，苗期管理根据幼苗的生态变化，通过揭除覆盖物的时间、温度控制、水分控制、肥料控制等措施来调控幼苗的生长，以达到培育壮苗的目的。

图 4-26　健康的苗态

二、西葫芦嫁接育苗技术

生产表明，西葫芦嫁接换根栽培技术适合于日光温室冬春茬西葫芦长季节栽培。

西葫芦嫁接的方法主要有靠接法（包括强靠接）、劈接法、插接法。

（一）砧木品种

黑籽南瓜多产于我国云南省及四川省南部（如攀枝花地区），由于其根系发达，耐寒能力强，抗枯萎病菌。被广泛用作瓜类嫁接的砧木。

（二）接穗和砧木播种时间的确定

接穗与砧木的播种时间因嫁接方法的不同而不同，采用靠接法的，接穗和砧木可同期播种或比砧木早播2～3天；采用插接法和劈接法的，接穗比砧木晚播2～3天。播种前种子处理的方法、播种方法及其苗期管理同西葫芦。采用靠接法的，接穗和砧木可分别播于不同的苗床，适当密播；采用插接法和劈接法的，接穗可播于苗床，适当密播，砧木最好播于穴盘或营养钵中，每穴留1株，将来可直接嫁接成苗。

（三）接穗苗的培养

西葫芦浸种时间比南瓜短0.5～1小时，一般6小时。培养土（育苗基质）准备、种子的处理、育苗的方法、幼苗的管理等参照本章第一部分西葫芦常规育苗技术有关内容（图4-27）。

图4-27　适宜嫁接的接穗苗态

（四）砧木苗的培养

砧木的培养方法同西葫芦（图 4-28 和图 4-29）。

图 4-28　砧木的播种出苗

图 4-29　适宜嫁接的砧木苗态

（五）嫁接操作及嫁接后的管理

1. 嫁接准备　准备嫁接所需要的器具（图 4-30）：刀片或锋利的小刀，起苗用的铁丝，嫁接夹子，扁竹签（头部像刀），圆竹签（头部像锥针）。

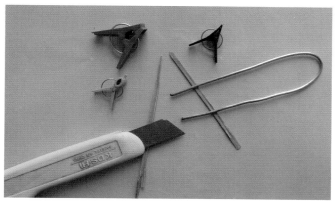

图 4-30　嫁接器具

2. 嫁接操作

（1）靠接 从育苗盘中分别选取苗态（株高、胚轴粗度）相近的砧木和接穗（图4-31至图4-33），分别置于不同容器中，用湿毛巾盖苗保湿。嫁接时，用扁竹签铲掉砧木苗的真叶和生长点（图4-34）。注意要去干净，防止日后再生南瓜茎叶。在2个子叶着生部位下部胚轴的侧面（与子叶展开方向垂直的一侧），下刀位置是子叶下0.5～1厘米处，用刀片自上而下呈40°角切一斜面切口，深度为胚轴粗度的2/3左右，切口长度约0.5厘米。下刀速度要快，刀切面要平，刀口要干净，切口处不能进水（图4-35）。在接穗（西葫芦）苗与子叶展开方向相同的一侧，或子叶的侧面削切口，操作者可根据自己的习惯并便于下一步接口嵌合而定。下刀位置在子叶下2厘米处，自下而上呈30°～40°角斜切一刀，深度达茎粗1/2～2/3，长度和深度与砧木切口相同（图4-36）。刀口不宜过深过浅、过长过短。砧木和接穗接口切好后，准确、端正、迅速地把砧木和接穗的接口相互嵌合（图4-37）。用嫁接夹从西葫芦一侧入夹固定（图4-38），这样可以防止接穗脱离砧木。此时，砧木（南瓜）与接穗（西葫芦）的子叶呈"十"字形（图4-39）。

图4-31 取砧木

图 4-32　取 接 穗

图 4-33　砧木、接穗苗态

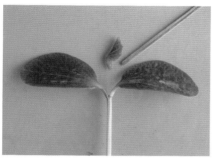

图 4-34　去掉砧木生长点

图 4-35　砧木切口

图 4-36　接穗切口

图 4-37　接穗与砧木嵌合

图 4-38　用嫁接夹固定

图 4-39　嫁接后的苗态

　　嫁接结束后，立即栽植。一种是将嫁接苗栽植在营养钵，一种是栽植在苗床中。

　　无论哪一种栽植方法，都应注意，栽植靠接苗时，接穗和砧木的根及接口下的胚轴要分开（图 4-40），以便日后做断根处理。如果在苗床栽植，先在温室或塑料大棚内做平畦苗床，在苗床开深度 5 ~ 10 厘米的小沟，灌足水分。待水渗完后，再将嫁接苗摆放其中，埋平即可（图 4-41 和图 4-42）。摆放苗时注意，嫁接夹的方向（接穗和砧木位置）一致，便于以后断根。为了保湿，一般栽植嫁接苗与搭建小拱棚覆盖保湿同时进行。为防止阳光引起小棚内高温，可以在塑料薄膜上再遮阴。嫁接后做好苗床

图 4-40　分开接穗和砧木根部

管理，是嫁接苗能否成活的关键。一般是嫁接结束后应立即将嫁

接苗摆入事先在温室内做好的小拱棚内，小拱棚覆盖、遮光、保湿，持续 3 天，保持温度白天 25℃，夜间 15℃，空气相对湿度 95%。3 天后开始透光，透光由少而多。1 周后嫁接口愈合，白天可不再遮光，并开始通风，逐渐增大。控制温度白天 22℃ ~ 24℃，夜间 13℃ ~ 15℃，空气相对湿度 70% ~ 80%。1 周后可除去拱棚进行正常管理，待接穗长出新叶后进行断根（图 4-43 和图 4-44）。此处断根是断掉接穗的根，即自嫁接口下 1 厘米处用刀片割断接穗的胚轴。3 ~ 5 天后去掉嫁接夹（也可带夹定植，定植成活后再去夹）。嫁接苗在嫁接后 15 ~ 20 天即可定植。定植时注意，定植嫁接苗，栽植深度以埋住土坨即可，不能埋到嫁接口及接穗断接处。

图 4-41 嫁接苗栽植之一

图 4-42 嫁接苗栽植之二

图 4-43 断根时的苗态

图 4-44 嫁接苗定植

（2）劈接　劈接选取接穗和砧木时，砧木苗的胚轴要短粗，苗龄可适当长些（图4-45）。接穗苗的胚轴细一点，苗龄可短一些（图4-46）。一些熟练的操作者不用从育苗盘中取出砧木，而是直接在育苗盘的砧木上进行嫁接。嫁接时，先用扁竹签去掉砧木苗的真叶和生长点，一定要去干净（图4-47）。后用刀片从砧木苗的两子叶交叉处沿胚轴直向下切，深度0.5～1厘米（图4-48）。用刀片在接穗子叶下1.5～2厘米处将接穗苗的胚轴切成楔状（图4-49）。将接穗插入砧木的切口中嵌合（图4-50），上部砧木与接穗的子叶呈"十"字形（图4-51），用嫁接夹固定嵌合处（图4-52）。嫁接后的秧苗可以栽植在苗床或营养钵或育苗穴盘中（图4-53）。嫁接后的其他管理同靠接法。

图4-45　适宜劈接的砧木苗态

图4-46　适宜劈接的接穗苗态

图4-47　去掉砧木苗的生长点及真叶

图4-48　砧木切口

图 4-49　接穗切口

图 4-50　接穗与砧木嵌合

图 4-51　劈接苗的苗态

图 4-52　劈接苗的固定

图 4-53　嫁接（劈接）苗的栽植

（3）插接　与劈接一样，插接选取接穗和砧木时，砧木苗的胚轴要短粗，苗龄可适当长些（图 4-54）。接穗苗的胚轴细一点，苗龄可短一些（图 4-55）。一些熟练的操作者不用从育苗盘中取出砧木，而是直接在育苗盘的砧木上进行嫁接。嫁接时，先用扁竹签去掉砧木苗的真叶和生长点，一定要去干净（图 4-56）。后用圆竹签在砧木原生长点处做插孔，用于接穗的插入。操作时，左手拇指和食指轻轻捏住砧木苗的子叶基部，右手拿竹签，将竹签在苗茎的顶面紧贴一子叶，从子叶的基部，沿子叶连线的方向，向另一子叶的下方斜插入胚轴，到达另一侧的表皮部，此时，抵在砧木胚轴上的手指会感觉到竹签的压力，说明深度够了（图 4-57）。要尽量避免将接穗插入砧木胚轴的空腔中。插孔长 5 ~ 8 毫米，尽量不要将砧木胚轴的表皮穿透。否则，接穗容易从漏洞处长出不定根，不定根如果深入土壤，嫁接的意义就完全丧失了。用刀片将接穗削切成锥状（图4-58和图4-59），再将其插入砧木的扦插孔中（图4-60），接穗的子叶与砧木的子叶呈"十"字状（图4-61）。嫁接后的秧苗可以栽植在苗床或营养钵或育苗穴盘中（图4-62）。嫁接后的管理同靠接法。

图4-54　适宜嫁接的砧木苗态

图4-55　适宜嫁接的接穗苗态

图4-56　去掉砧木的生长点

图4-57　用圆竹签做扦插孔

图4-58　接穗削切

图4-59　"锥"状接穗

图 4-60　插　接

图 4-61　插接后的苗态

图 4-62　插接苗的栽植

第五章 棚室西葫芦高效栽培技术

一、西葫芦冬春茬日光温室栽培

利用日光温室冬春季覆盖种植西葫芦是我国西葫芦高效高产栽培的主要方式之一。这个茬次的播期及其定植、生长期取决于当地的气候状况和温室的保温性能。保温性能好的温室，一般可在9月下旬至10月中旬播种，10月中下旬至11月上中旬定植，12月中旬至翌年1月上旬开始采收，直到5～6月份，采收期半年左右，产量可达15 000千克左右，种植效益显著。主要栽培技术如下。

（一）栽植棚的准备

1.灭菌、深耕与施肥 前茬收获后，立即清除残株，杂草等地表所有杂物。深翻20厘米左右，重新闭棚灭菌。可采用高温闭棚灭菌和熏蒸灭菌。熏蒸灭菌时按温室的空间，每立方米用硫磺4克，80%敌敌畏乳油0.1克，锯末8克，混匀后点燃，封闭一昼夜。然后每667米^{2}施入优质农家肥5 000～10 000千克（最好以牛粪为主，适量加入鸡粪），磷酸二铵、硫酸钾各30千克等混匀整平，然后整地。日光温室西葫芦栽培，可采用高垄、半高垄、平畦等形式。目前，西葫芦冬季和早春日光温室生产多用高垄形式。这种形式便于在冬季进行膜下灌溉，减少地表蒸发，容易降低棚内湿度，提高温度，减少病害发生，为西葫芦生长提供良好的生态环境。

2. 按种植要求做畦 日光温室栽培西葫芦形式较多，有半高畦地膜覆盖滴灌栽培、垄作栽培、平畦地膜覆盖滴灌栽培、高垄地膜覆盖栽培、栽培槽滴灌无土栽培、平畦地膜覆盖栽培。但采用较多的是高垄或半高垄吊蔓栽培，吊蔓栽培垄栽单行或双行均可。垄高 15 ~ 20 厘米，垄面宽 70 ~ 80 厘米，垄距 70 ~ 80 厘米。冬季栽培为保温和降低棚内湿度，多采用地膜覆盖（图 5-1）。

图 5-1　日光温室西葫芦双行栽培

（二）品种选择与育苗

1. 品种选择 市场上西葫芦品种较多，该茬次适宜的品种为耐低温、耐弱光、高产型品种，商品瓜的颜色和形状适合市场需要。

2. 培养健壮无菌苗 具体操作同前述。该期育苗处于高温—适温期，育苗管理的重点是防幼苗徒长，培育无菌苗。为了防止高温、病虫、暴雨对幼苗的影响，采用温室内遮阳育苗（图 5-2），并在育苗基质中加入或叶面喷施控制生长类物质（瓜类壮苗宝、多效唑、矮壮素等），以防幼苗徒长（图 5-3）。

图 5-2　日光温室内遮阳育苗

图 5-3　西葫芦使用瓜类壮苗宝育苗的效果（图右）

（三）定　植

1. **定植密度**　西葫芦的定植密度受栽培方式和品种特性的影响。该茬日光温室西葫芦栽培一般采用吊蔓栽培，定植密度：株行距为 70 厘米 ×90 厘米或 60 厘米 ×100 厘米或 80 厘米 ×80 厘米。一般每 667 米^2 栽植 1 000 ～ 1 100 株。

2. **定植时间**　当西葫芦幼苗长至 3 叶 1 心、日历苗龄为 20 天左右时即可定植，一般为 10 月中下旬。

3. **定植方式**　先按栽培密度确定栽植点，然后在栽植点上挖小穴／小沟，穴／沟深 8 ～ 10 厘米。采用先浇水随水栽苗的办法，也可先栽苗后浇水。定植深度以埋没土坨为宜，要求幼苗不断茎、不裂叶、不散土坨。该季种植采用每穴 1 株方式。定植结束后，酌情培土以防倒苗（图 5-4）。

有条件者定植后，可安装滴灌设施，并配

图 5-4　西葫芦定植

以地膜覆盖，一是可以提高地温，促进根系发育；二是能有效降低温室内空气湿度，减轻病害的发生（图5-5和图5-6）。安装滴灌管时，如果栽培行太短，可以将滴灌管绕行摆放。

图5-5　安装滴灌设施　　　　图5-6　地膜覆盖滴灌栽培

（四）定植后的管理

1. **温度管理**　定植后1周内，前几天日光温室内要保持高温高湿，并数日内紧闭门窗，不可通风。控制温度白天28℃～30℃，夜间18℃～20℃。缓苗后（4～7天），温度逐渐降低至昼温不超过30℃，以25℃～28℃为好，夜温18℃左右。完全缓苗后，采用低温管理，早晨温度可在15℃左右，以促进雌花的分化。花蕾出现后，温度管理晴天白天23℃～28℃，夜温18℃～15℃。夜温不能过高。进入3～4月份，为了抢行情，拿到高产量，也可采用高温管理。高温管理时，晴天白天上午30℃～35℃，夜温21℃～18℃。温度过高时，通过通风调节温度（图5-7和图5-8）。日光温室内的温度受光照条件影响严重，上述温度管理指标只是一个参考。在生产实践中，应根据西葫芦生长状况、天气情况、市场行情和病虫害发生情况灵活掌握，以

67

获得理想效益。

图 5-7 通 腰 风

图 5-8 通 顶 风

2. 水分管理 西葫芦生长发育初期对水分的需要量不是很大，进入开花结果期需要较多的水分，并需要持续供给，但给水同时要考虑温室内的小环境及排湿、保温的困难。因此，给水要根据经验和植株的长相、果实膨大增重和一些器官的表现来判断。中午叶片有下垂现象是水分不足的表现。一般苗期浇过缓苗水后，要及时中耕，保温保墒，促使根系向深生长，使瓜苗壮而不旺。坐瓜前尽量少浇水，避免徒长影响坐果，如果确实干旱，可结合引蔓浇水 1 次。进入坐果期后，当果实重 0.1 ～ 0.2 千克时结合追肥浇 1 次水，作为"催瓜水"，促进果实发育。进入盛果期后，应保证水分稳定供给。为了避免浇水造成棚内湿度过大，引起不良生长和病害的发生，用地膜覆盖栽培者，应采用膜下灌溉（图 5-9）。

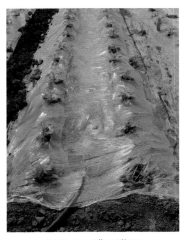

图 5-9 膜下灌溉

浇水时间应选在晴天上午进

行。当进入 4 ~ 5 月份，随着室外气温的迅速升高和光照强度的增强，植株大量需水，为满足西葫芦正常生长的需要，一般应逐沟灌大水，并通过通底风和顶风进行排湿。日光温室内的空气湿度管理，一般在缓苗期保持高湿，空气相对湿度为 90%，随后逐渐降至 70%，春季随着高温的到来逐渐提高空气相对湿度至 90%，以满足西葫芦正常生长的需要。

3. 肥料管理　为了保证西葫芦的高产稳产，除施足基肥外，需要少量多次给以追肥。追肥一般可以按下面的量次进行：幼果坐住（幼瓜重 0.1 ~ 0.2 千克）之后，可结合浇水追施尿素 1 次，用量为每 667 米^2 15 ~ 20 千克。之后一般 15 天左右追 1 次肥，每次每 667 米^2 追施尿素 10 ~ 15 千克。追肥时要注意，不要偏施速效氮肥，除补充磷、钾肥外，应根据植株长相，适当补充铁、硼、锌、钼等微量元素。

4. 其他管理　除了日光温室的日常管理外，西葫芦采用支架与吊蔓、整枝打杈和摘除下部老叶、人工辅助授粉或保果处理、疏花疏果和病虫害及时防治等措施，对西葫芦栽培都非常重要。

（1）**吊蔓栽培**　当植株长至 20 厘米左右时进行吊蔓（图5-10）。先在温室沿西葫芦种植行的方向在种植行上方 1.8 ~ 2米处拉铁丝，吊绳的上端直接绑在铁丝上，将吊绳下端直接绑在植株根基部，也可以绑在地面的固定物上。吊绳的中部与蔓相缠而上（图5-11）。有条件的地方也可采用支架栽培（图5-12）。

图 5-10　西葫芦吊蔓栽培

图 5-11　吊绳与蔓相缠

图 5-12　西葫芦支架栽培

　　当西葫芦蔓长至吊绳顶端时（图 5-13），应及时落蔓，并打除下部叶片，以利于通风透光，减少病害发生的机会，提高商品品质（图 5-14）。

图 5-13　落蔓前的株态

图 5-14　落蔓并除去老叶

　　（2）人工辅助授粉　西葫芦是雌雄同株异花植物，需要借助媒介传播花粉，才能完成受精坐果。自然界中蜜蜂、昆虫等是重要的传递花粉的媒介，由于日光温室密闭栽培对传递花粉媒介的限制，需要人工辅助授粉，以完成西葫芦受精坐果的过程。人工辅助授粉的操作过程如图 5-15 至图 5-19 所示，即早晨 6 ~ 8 时当西葫芦雄花和雌花完全开放后，采摘雄花，剥离花冠，露出雄蕊，一只手轻轻抓住雌花的花冠，另一只手将雄蕊表面上的花粉轻轻涂抹在雌花的柱头上，涂抹均匀，一般 1 朵雄花可涂抹 2 ~ 3 朵雌花。授粉时尽量避免捏、撞子房（小瓜）。

（3）蘸花　有时在初花期，雌花先前开放，没有雄花，可采取人工保果措施。一般多用防落素、坐果王、免蘸花等人工合成的植物生长调节剂蘸花或喷叶。为方便辨认，一般在蘸花液中加入墨水；为方便使用，将配好的蘸液放在温室中；蘸花时间为花前 1 天或开花当天；蘸花的部位可以是子房

图 5-15　西葫芦的雄花
（花冠、雄蕊）

图 5-16　西葫芦的雌花
（花冠、雌蕊、子房）

图 5-17　剥离花冠，
露出雄蕊（花粉）

图 5-18　将雄蕊上的花粉
轻轻涂在雌蕊上

图 5-19　避免捏、撞子房（小瓜）

（幼瓜）、瓜梗（图 5-20），具体使用浓度见产品使用说明。喷免
蘸花时一般花前 2 ~ 3 天，冬季间隔 15 天，最好与蘸花配合进行。
值得注意的是西葫芦对人工合成的植物生长调节剂非常敏感，要
严格按照使用说明的浓度使用。

图 5-20　蘸花部位（子房两侧或花梗）

　　（4）拾花　　即适时去掉开败的花冠。冬春季节温室内空气湿
度大，开败花冠引起的霉菌会导致幼瓜腐烂（图 5-21 至图 5-24），
适时清除有利于幼瓜健康生长（图 5-25 和图 5-26），因此拾花
成为一项重要的管理要求。但拾花不宜过早或强行拾花（切割），

棚室西葫芦防病虫栽培图解

否则会影响幼瓜正常生长（图5-27）或在果脐部造成伤害，进而引发病害。

图 5-21　拾花后的正常株态

图 5-22　未拾花引起的灰霉病

图 5-23　未及时拾花引起幼瓜受害

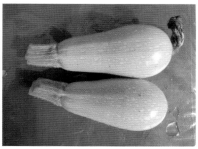

图 5-24　未及时拾花引起花冠霉变

图 5-25　适宜拾花的时期

图 5-26　拾　花

图5-27 过早拾花花态、强行
拾花引起幼瓜生长缓慢

5.管理过程中应注意的几个问题 日光温室冬春茬生产中畸形瓜、烂瓜、化瓜比较普遍和严重，通过及时管理可以减少或减轻危害，从而提高商品瓜率和生产效益。及时管理主要措施如下。

（1）及时摘除畸形花、畸形果 西葫芦生长过程中，由于雌花发育受阻，或营养不良，或未授粉，或受精不良等多种因素影响，产生子房畸形和畸形果（图5-28至图5-35），这些果实即使能够生长，但果实会失去商品价值，应尽早摘除。

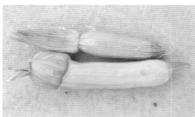

图5-28 雌蕊发育不正常

图5-29 子房发育不正常

图5-30 雌蕊发育受阻

图5-31 雌蕊败育导致畸形果

棚室西葫芦防病虫栽培图解

74

图 5-32　子房发育不正常

图 5-33　未授粉导致形成畸形瓜

图 5-34　受精不良引起子房不正常

图 5-35　常见的畸形瓜

（2）及时清除病残果　菜田常因病菌、高湿产生病果（图 5-36）或化瓜产生的病果（图 5-37），应及时摘除，以免传染其他果实。同时，采用膜下灌溉、全地膜覆盖、行间铺草、减少喷药等方式降低棚内湿度，创造利于果实生长的环境。

图 5-36　常见的病果

图 5-37　化瓜引起的病果

75

（3）疏花疏果，合理留瓜　深冬季节，光照弱，温度低，植株制造养分少，易引起化瓜和畸形瓜。如果雌花过多（图5-38）会加剧化瓜（图5-39）、畸形瓜的发生，植株营养生长弱化，果实生长速度减慢，产量下降。因此，应疏花疏果，合理留瓜。切忌1叶1瓜，建议2～3叶1瓜，保持植株健壮状态。

图5-38　雌花过多　　　　图5-39　雌花过多引起的大量化瓜

二、西葫芦春提早日光温室栽培

这个茬次栽培技术与冬春茬栽培技术的主要区别点在：一是品种选择上，所选品种除耐低温、弱光外，其早熟性非常重要。二是育苗方式上，育苗期主要在冬季，最好选保温性好的育苗场所。育苗管理目标是按期培养出健康的无菌苗。三是种植密度上，由于生长期相对短些，种植密度适当大些。一般每667米^{2}栽植1 200～1 500株。四是播期上适当偏后，根据所处的地方、品种、温室的保温性能决定。一般在1月份育苗，1月底至2月上旬定植。五是田间管理同前述。

三、塑料大中棚春早熟覆盖栽培

塑料大中棚春早熟覆盖栽培是西葫芦栽培的主要方式之一。

棚室西葫芦防病虫栽培图解

华北地区一般在 2 月中下旬育苗，3 月中下旬至 4 月上旬定植，4 月下旬至 5 月初开始收获。

（一）栽培地准备

对于老棚地而言，当前茬作物收获后，立即清除残枝败叶、杂草等地表所有杂物，然后深翻（20 厘米左右）冻垡或暴晒（图5-40）。育苗前 1 周，可覆盖塑料薄膜，闭棚 2 ~ 3 天熏蒸灭菌或高温灭菌，方法同前述。如果是新建棚地，一般在使用前 1 周建好棚。

图 5-40　塑料大棚的冻垡

（二）种子准备

选择果实发育快、抗病、矮生的早熟品种和杂种一代。

（三）播种时间的确定

塑料大中棚的类型多，棚内覆盖差别较大，加之建棚地点小气候的差别和北方不同地区的气候差，不同地方不同棚内温度差别十分明显，育苗时间难以统一。因此，育苗时间的确定主要是根据大棚的安全定植期而定。大棚西葫芦安全定植期为地温在 11℃ 以上，夜间最低气温不低于 0℃。西葫芦的苗龄一般为 20 ～ 35 天，所以在安全定植期前 20 ～ 35 天为当地西葫芦育苗适期。一般情况下，华北、西北地区播期为 2 月中下旬至 3 月上旬。东北、内蒙古、新疆地区为 3 月中下旬。温室育苗苗龄为 20 ～ 30 天，温床育苗苗龄为 30 ～ 35 天。一般在秧苗具 3 ～ 4 片真叶时定植。

（四）整地、施肥和做畦

1. 栽植棚地准备 定植前 1 周，进行棚地整理（图 5-41）。

图 5-41　棚地整理

2. 施入基肥 施入有机肥，按无公害蔬菜栽培对肥料的要求，施入符合规定的优质有机肥。由于该季生长期较长，有机肥的施入量可酌情增加，一般以每 667 米^2 施有机肥 5 000 千克为宜，加施过磷酸钙 50 千克或磷酸二铵 20 千克，硫酸钾 30 千克或施入三元复合肥 50 千克。施入方式：结合整地及做畦方式，以撒施、沟施、穴施为佳。

3. 做畦 根据棚内具体的栽培方式确定做畦方式。塑料大中棚随意性强，类型多，棚内栽培方式更是五花八门。以下介绍陕西地区几种主要栽培方式。

（1）塑料大中棚＋小拱棚＋地膜三层覆盖　高垄单行（图5-42）或双行栽培。栽培大棚一般为宽4米以上的大棚，保温效果较好，上市早，有些采用黑色地膜。

图5-42　三层覆盖高垄栽培

（2）塑料大中棚＋小拱棚＋地膜三层覆盖　平畦栽培（图5-43）。栽培棚的宽度随意性较强，窄小的棚宽度仅3米，宽大的棚宽度可达8米。保温效果较好，上市早，有些采用黑色地膜。棚内的畦宽随棚而异，有1.2米宽，也有宽2米以上的。

（3）塑料大棚＋地膜两层覆盖　平畦栽培（图5-44）。栽培棚的宽度随意性较强，窄小的棚宽度仅3米，宽大的棚宽度可达8米。这种方式较为普遍，上市时间比前述类型稍晚。

（4）塑料大棚＋地膜两层覆盖　高垄栽培，垄面栽种单行（图5-45）或双行。这种栽培方式栽培棚的宽度随意性较强，窄小的棚宽度仅3米，宽大的棚宽度可达8米。这种方式相对面积较小，上市时间比前述类型稍晚。

此外，塑料棚半高垄单行栽培（图5-46）、塑料棚半高垄双行栽培（图5-47）、塑料棚平畦栽培（图5-48）栽培棚的宽度随意性较强，窄小的棚宽度仅 3 米，宽大的棚宽度可达 8 米。这些方式较为普遍，上市时间比前述类型晚。

图 5-43　三层覆盖平畦（窄）栽培

图 5-44　塑料大棚平畦地膜栽培

图 5-45　塑料大棚高垄地膜栽培

图 5-46　半高垄单行栽培

图 5-47　半高垄双行栽培

图 5-48　平畦栽培

棚室西葫芦防病虫栽培图解

（五）定植

定植密度因品种而异，一般为 1 600 ～ 2 000 株／667 米^2。

为提高地温，定植前 15 ～ 20 天扣棚。当棚内 10 ～ 15 厘米地温达到 11℃ 以上，夜间不出现 0℃ 低温时即可定植。定植最好选晴天上午进行，定植时顺水栽苗或按穴浇水后覆土，切忌浇水过多。定植深度以子叶露出地面为宜。三层覆盖栽培的，定植顺序是做畦后覆盖地膜，然后挖穴、灌水、定植、覆土，最后是搭建小拱棚。两层覆盖栽培的，定植顺序是做畦后覆盖地膜，然后挖穴、灌水、定植、覆土，也可以定植后再灌水。

（六）定植后管理

定植后的 25 天左右为结瓜前期，管理的重点是防寒保温、控水、中耕促根促苗。定植后至缓苗前的 5 ～ 7 天密闭大棚，多不通风。控制棚温白天 25℃ ～ 30℃，夜温 15℃ ～ 18℃。缓苗后适当降温，白天 22℃ ～ 25℃，夜温 15℃。当棚温超过 30℃ 时要通风。此时注意：一是适时中耕（图 5-49），不仅可以保墒，更重要的是提高地温。二要结合中耕培土（图 5-50），促进根系生长。三是根据棚内温度情况通风调节棚内温度。

图 5-49　适时中耕

图 5-50　及时培土

通风是由小而大，由两端逐渐到棚两侧（图 5-51）。两端初始通风时注意，不能通得太猛，为了避免通风初期低温强风对棚口苗的不利影响（图 5-52），在通风口下端设置一屏障（图 5-53），以减少低温强风对棚口苗的直接冲击。

西葫芦生产后期的其他管理同前述。

图 5-51　塑料棚的通风

图 5-52　棚口苗弱小，叶受风害

图 5-53　通风口设置屏障

四、塑料大中棚秋覆盖高产栽培

这个茬次与春早熟覆盖栽培在技术上的主要区别是：一是品种选择上，要选育抗病、高产型品种。二是在播期上，黄河流域的播期一般在 7 月底至 8 月中旬，育苗管理主要是防病虫危害，防高温、高湿，防幼苗徒长。一般苗龄 20 天左右。三是定植后管理上，生长前期仍然是控水、防高温、防徒长。必要时可使用抑制生长类物质（矮壮素、多效唑等）防止植株徒长（图 5-54）。四是其他管理同前述。

图 5-54　山东省昌乐县秋季塑料大棚经过防控的西葫芦生产田

第六章 西葫芦病虫害防治技术

一、病害防治

（一）病毒病

1. 危害症状　该病从幼苗至成株期均可发生。据报道，有36种植物病毒可侵染南瓜类蔬菜（包括南瓜、西葫芦），表现的症状各有差异，主要有花叶型、皱缩型、绿斑型、黄化型，以花叶型、皱缩型较常见。染病初期幼叶呈浓淡不均匀的镶嵌花斑，严重时叶片皱缩变形，果实畸形或产生凹凸不平的瘤状物，或果实表面出现花斑，或不结瓜，严重时，植株萎蔫或死亡（图6-1至图6-4）。

2. 防治方法

（1）品种选择　选用抗病品种。

（2）防止种子带有病毒　从无病株上采种，选用无毒种子；

图6-1　皱缩型病毒病

图6-2　果实畸形，产生凹凸不平的瘤状物

图 6-3　果实花斑

图 6-4　花叶型病毒病

或播前用 10%磷酸三钠溶液浸种 20 分钟，后用水洗净。

（3）农业防治　春季栽培采取早育苗、简易覆盖等措施，早栽早收，避开高温和蚜虫活动盛期。棚室风口、门道加防虫网。加强田间管理，培育健壮植株，增强抗病能力。田间整枝等农事活动实行专人流水作业，减少交叉传染。田间发现病株立即拔除、烧毁或深埋，以免传播危害。有条件的地方，实行轮作。

（4）切断传染源　注意防治蚜虫和温室白粉虱，防虫要早，喷药要细。

（5）化学防治　发病初期，喷洒 20%吗胍·乙酸铜可湿性粉剂 500 倍液，或 1.5%烷醇·硫酸铜乳剂 1 000 倍液，或 10%混合脂肪酸水剂 1 000 倍液进行防治。

（二）白　粉　病

1. **危害症状**　白粉病俗称"白毛"，是西葫芦生产中的重要病害之一。苗期、成株期均可发生，主要危害叶片，严重时叶柄、茎蔓也会发生，一般不危害瓜。发病初期，首先在叶片正面和背面出现白色粉状圆形斑点，逐渐扩大呈不规则状，白粉也越来越厚，不久连成大片，成为边缘不清楚的大白斑。发病后期布满整个叶面，以后呈灰白色，导致叶片黄化，干枯。一般先从老叶发病。

茎和叶柄发病，症状与叶片相似（图6-5至图6-7）。

图6-5　白粉病初期

图6-6　叶面、叶柄上的白粉病

图6-7　白粉病导致叶面干枯

2.防治方法

（1）品种选择　选用抗病品种。

（2）农业防治　即选择地势高、通风、排水良好的地块种植，合理灌水，降低湿度。保护地定植前用硫黄熏棚。

（3）物理防治　用27%高脂膜乳剂80～100倍液，在发病初期喷洒在叶片上，使之形成一层薄膜，不仅防止病菌侵入，还可造成缺氧条件，使白粉病菌死亡，一般5～6天喷1次，连喷3～4次。

（4）化学防治　发病初期及时喷药，喷药应着重叶背面。常用药剂有：50%多菌灵可湿性粉剂500倍液，或75%百菌清可湿性粉剂 600 倍液，或 50% 甲基硫菌灵可湿性粉剂 1 000 倍液，或 2% 嘧啶核苷类抗菌素水剂或 2% 武夷菌素水剂 200 倍液，每 7 ～ 10 天喷 1 次，连续 2 ～ 3 次。也可用 45% 百菌清烟剂（安全型）或 10% 腐霉利烟剂熏蒸，每 667 米^2 用 250 克。上述药剂交替使用更好。

（三）疫　病

1. 危害症状　是西葫芦生产上最重要的病害之一，严重时植株死亡、果实腐烂，甚至绝产。整个生产期都可发生。幼苗发病，茎基部出现水渍状软腐，多呈暗绿色，常造成幼苗倒伏。成株期叶片上产生暗绿色圆形病斑，边缘不明显，空气潮湿时，病斑迅速扩展，叶片部分或大部分软腐，并在病部可看到白霉。果实被害，初呈暗绿色水渍状小点，迅速扩展至全果实腐烂，果实上常密生灰白色霉状物（图 6-8 至图 6-15）。

图 6-8　果实疫病症状

图 6-9　幼苗疫病症状

图 6-10　叶部症状

图 6-11　叶柄染病症状

图 6-12　茎基部染病导致植株萎蔫

图 6-13　生长点染病导致
植株无价值

图 6-14　生长点及心叶染病致死

图 6-15　子房染病

2.防治方法

（1）品种选择　选育抗病、耐病品种，大面积种植避免品种单一化。

（2）合理选择种植地　一是选择地势高燥、不易积水的沙土种植。二是避免和瓜类、茄科类蔬菜连茬种植。三是进行轮作，最好与小麦、玉米等禾本科作物轮作。四是避免和辣椒作物邻作。

（3）农业防治　及时控制发病中心，发现中心病株，及时彻底剪除，并在发病中心周围喷化学药剂预防。控制氮肥，增施磷、钾肥，培育健壮植株，提高抵抗力。除对土壤进行处理外，对病残体进行烧毁、深埋或高温积肥等处理。防病时最好组织协调，统一防治。

（4）化学防治　雨季到来前用缓释剂 1 号或 2 号施于茎基部 2 厘米深处，覆土即可，或用缓释颗粒撒于植株周围。也可用25% 甲霜灵可湿性粉剂或 72% 霜脲·锰锌可湿性粉剂拌 500 倍毒土，每 667 米 ^{2} 用配好的毒土 100 千克，在雨季到来之前撒于植株根际周围。还可在病害发生初期喷洒 25% 甲霜灵可湿性粉剂600 倍液，控制病害蔓延。

（四）猝倒病

1. 危害症状　是苗期主要病害之一。幼苗茎基部初呈水渍状，黄褐色病斑迅速扩展，后病部缢缩呈线状，子叶青绿时，幼苗便倒伏死亡。苗床最初是零星发生，形成发病中心，迅速扩展，最后引起成片倒苗。苗床湿度大时，病残体表面及附近土壤表面出现一层白色絮状霉，最后幼苗多腐烂或干枯（图 6-16）。

图 6-16　幼苗猝倒症状

2. 防治方法

（1）加强苗床管理　选择地势高燥、水源方便、旱能浇、涝能排、前茬未种过瓜类蔬菜的地块做育苗床，选用无病新土做床土。使用旧苗床时，应进行床土消毒。施用的有机肥要腐熟、均匀，床面要平，无大土粒，播种前早覆盖，提高苗床温度至 20℃以上。按每平方米用硫菌灵、苯菌灵或多菌灵 5 克和 50 倍干土拌匀，撒在床面上。

种子要进行消毒处理，催芽时间不宜过长，播种不宜过密。苗床温度应控制在 25℃ ~ 30℃，地温保持在 15℃以上。注意提高地温，降低土壤湿度。出苗后尽量不浇水，必须浇水时，要选择晴天喷洒，切忌大水漫灌。连续阴雨转晴时，应加强通风，中午适当遮阴，防止烤苗导致秧苗萎蔫。如果发现有病株，要立即拔除烧毁，并在病穴处撒石灰或草木灰消毒。

（2）药剂防治　当幼苗已发病后，为控制其蔓延，可用铜铵合剂防治，即用硫酸铜 1 份、碳酸铵 2 份，磨成粉末混合，放在密闭容器内封存 24 小时，每次取出铜铵合剂 50 克对清水 12.5 升，喷洒床面。也可用硫酸铜 2 份、硫酸铵 15 份、石灰 3 份，混合后密闭 24 小时，使用时每 50 克对水 20 升，喷洒畦面。发病初期可用 25% 甲霜灵可湿性粉剂 800 倍液，或 75% 百菌清可湿性粉剂 600 倍液，或 72.2% 霜霉威水剂 400 倍液，或 50% 异菌脲可湿性粉剂 1500 倍液喷雾，每隔 7 ~ 10 天 1 次，连喷 2 ~ 3 次。也可用 5% 百菌清粉尘剂每 667 米² 1 千克，或 45% 百菌清烟剂每 667 米² 250 克熏蒸。

（五）灰 霉 病

1. **危害症状**　是近年来发生的重要病害之一。主要危害雌花和幼果，严重时危害叶、茎和较大的瓜。该病多是由残花先发病，雌花受害后，花瓣呈水渍状腐烂，继续向幼果扩展，引起果脐部腐烂，表面密生灰霉层，不久干缩脱落。叶片上发病多以落上的

残花为发病中心，病斑不断扩展，可成大型近圆形或不规则形褐

色病斑，中央褐色，有轮纹，表面有灰色粉状霉。茎上很少发病，偶然发病时，病部灰白色，上有霉层发生，严重时病斑可环绕一圈，上部萎蔫。茎和叶柄染病后，常腐烂，易折断（图6-17至图6-19）。

图6-17　灰霉病初期在西葫芦花冠上的症状

图6-18　灰霉病菌由西葫芦花瓣向幼果侵染

图6-19　灰霉病中后期在西葫芦幼果上的症状

2. 防治方法

（1）农业防治　控制保护地或生产地内湿度，可采用滴灌栽培或高畦地膜覆盖暗灌方式。加强通风排湿，及时清除大棚上的尘土，增强光照强度。合理密植，防止徒长，也可推广宽行种植技术。及时去掉开败了的雌花花冠，减少灰霉病菌的侵染机会。清除病残体，及时摘去化瓜、病叶、黄叶及雄花，使田间通风透光好，降低田间湿度。采收结束后彻底清除病残体并带出棚外深埋或烧掉。重病地块农闲时可深翻。生长前期适当控制浇水，多中耕，提高地温，降低湿度，防止徒长，提高植株抗性。

（2）化学防治　发病初期可用 10% 腐霉利烟剂熏蒸，每 667 米² 每次用药 200 ～ 250 克。或每 667 米² 用 45% 百菌清烟尘剂每次 250 克，熏 3 ～ 4 小时。或喷洒 50% 多菌灵可湿性粉剂 500 倍液，或 50% 异菌脲可湿性粉剂 1 500 倍液，或 50% 腐霉利可湿性粉剂 2 000 倍液。以上药剂每隔 7 ～ 10 天 1 次，连喷 2 ～ 3 次。

（六）绵　腐　病

1. **危害症状**　主要危害果实，也可危害叶、茎蔓和其他部位。果实发病初期形成水渍状圆形或不规则形病斑，边缘不明显，病斑迅速扩大，导致果实腐烂，而且病部表面密生棉絮状白霉。该病菌在成株期多危害果实，而且病果变黄褐色，病部可长出毛绒状白霉（图 6-20 和图 6-21）。

图 6-20　西葫芦果实绵腐病前期症状

图 6-21　西葫芦果实绵腐病后期症状

2. **防治方法**

（1）加强田间管理　保护地栽培应注意控制田间湿度，防止大水漫灌，采用高畦地膜覆盖栽培，并做好通风排湿工作。

（2）发病初期及时用药防治　一般用 14% 络氨铜水剂 300 倍液，或 72.2% 霜霉威水剂 400 倍液，或 25% 甲霜灵可湿性粉剂 800 倍液，重点喷洒到植株下部果实和地面，每隔 7 ～ 10 天 1 次，

棚室西葫芦防病虫栽培图解

连喷 2 ～ 3 次。

（七）炭 疽 病

1. 危害症状　　主要发生在植株开始衰老的中后期，被害部位有叶、茎、果实。病菌发病多在子叶上产生圆形淡褐色稍凹陷病斑，上生橘红色黏状物质，有时幼茎在近地面茎部产生淡褐色病斑。叶片感病时，最初出现水渍状纺锤形或圆形斑点，叶片干枯成黑色，外围有一紫黑色圈，似同心轮纹状。干燥时，叶提前脱落。果实发病初期，表皮出现暗绿色油状斑点，病斑扩大后呈圆形或椭圆形凹陷，暗褐色或褐色；当空气潮湿时，中部产生粉红色的分生孢子，严重时致使果实收缩腐烂（图 6-22）。

图 6-22　炭疽病菌引起果实腐烂

2. 防治方法

（1）农业防治　　种子用 55℃ 温水浸种 15 分钟消毒。用无病土育苗，重病地块应与非瓜类作物轮作 3 年以上。采用高畦地膜覆盖栽培，合理灌水，雨后应及时排水，通风排湿。初见病株应及时拔除，收获后清除病残体，随之深翻土地。

（2）药剂防治　发病初期可用80%福·福锌可湿性粉剂800倍液，或50%多菌灵可湿性粉剂500倍液，或65%代森锌可湿性粉剂500～700倍液，或2%嘧啶核苷类抗菌素水剂200倍液交替喷洒，每隔7～10天1次，连喷2～3次。

（八）蔓　枯　病

1. 危害症状　可发生在茎、叶、幼果等部位。叶部受害多发生在叶缘，产生圆形或近圆形不规则大型病斑，呈"V"形向内发展。病斑褐色或黄褐色，病斑轮纹不明显，上有黑色小粒点，后期病斑易破碎。蔓上病斑呈梭形或椭圆形，后软化变黑，溢出琥珀色胶状物，后期病基部干缩，纵裂。幼瓜期受害多为花器感染，软化，呈心腐状（图6-23和图6-24）。

图6-23　蔓枯病叶片受害症状　　　图6-24　蔓枯病茎部受害症状

2. 防治方法

（1）地块选择　选排水良好的高燥地块种植，与禾本科作物轮作2～3年。

（2）种子处理　从无病植株上采种，播前用55℃温水浸种15分钟，或用40%甲醛100倍液浸种30分钟，或用0.3%苯菌灵、福美双可湿性粉剂拌种等方法处理种子。

（3）药剂防治　发病初期喷 75% 百菌清可湿性粉剂 600 倍液，或 50% 甲基硫菌灵可湿性粉剂 500 ～ 1 000 倍液，或 50% 多菌灵可湿性粉剂 500 倍液，或 70% 代森锰锌可湿性粉剂 1 500 倍液。每隔 7 ～ 10 天喷洒 1 次，连喷 2 ～ 3 次。

二、虫害防治

（一）蚜　虫

1. 危害特点　瓜蚜俗称腻虫、蜜虫等。瓜蚜的若蚜共分 5 龄，成虫分有翅胎生雌蚜和无翅胎生雌蚜。有翅蚜虫为黄色、浅绿色或深绿色，前胸背板及腹部黑色，腹部背面两侧有 3 ～ 4 对黑斑，触角 6 节，短于身体。无翅蚜虫在夏季多为黄绿色，春秋季为深绿色或蓝色。体表覆盖着薄层蜡粉。腹管黑色，较短，圆筒形，基部略宽，上有瓦状纹。卵为长椭圆形，初产时黄绿色，后变为深黑色，有光泽。以成蚜或若蚜群集于叶背面、嫩茎、生长点和花上，用针状刺吸式口器吸食植株的汁液，使细胞受到破坏，生长失去平衡，叶片向背面卷曲皱缩，心叶生长受阻，严重时植株停止生长，甚至全株萎蔫枯死。蚜虫危害时排出大量水分和蜜露，滴落在下部叶片上，引起霉菌发生。刺吸式口器吸食植株汁液，也可传播病毒（图 6-25 至图 6-28）。

图 6-25　蚜虫造成叶面污染

图 6-26　蚜虫在叶背面

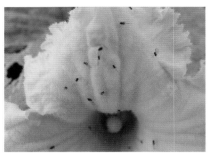

图 6-27　蚜虫在花冠上

图 6-28　蚜　虫

2.防治方法

（1）农业防治　清除棚室内及其周围的杂草。育苗棚内要消灭瓜蚜，培育无虫苗。结合整枝打杈，摘除带虫的茎叶，拿到田外烧毁。

（2）化学防治　防治蚜虫在虫害初期进行，主要用20%氰戊菊酯乳油2 000～3 000倍液，或40%氰戊·杀螟松乳油4 000倍液，或2.5%溴氰菊酯乳油2 000～3 000倍液，或21%氰戊·马拉松（增效）乳油4 000倍液喷洒。

（二）白 粉 虱

1.危害特点　白粉虱又名小白蛾，全身表面分布一层白色蜡粉而得名。一般以成虫和若虫危害植株和果实。成虫有趋嫩性，通常集中栖息于嫩叶背面，吸取汁液并产卵，致使叶面生长受阻而变黄，被害叶片干枯或植株生长发育不良。成虫和若虫还能分泌大量蜜露，堆积于叶面或果面，引起煤污病，影响叶面进行光合作用和呼吸作用，以致叶片枯萎，导致植株枯死（图6-29和图6-30）。此外，白粉虱还能传播病毒病。

图6-29 白粉虱危害叶背

图6-30 白粉虱造成叶面污染

2. 防治方法

（1）消灭虫源 在春季和秋季两次保护地与露地交接换茬时，彻底消灭虫源。春季用药剂消灭成虫，拔除温室内的残株并烧毁，不让虫卵迁往露地。秋季彻底熏杀育苗温室残余虫口，培养无虫苗，定植前熏蒸温室大棚。

（2）物理防治　在白粉虱发生初期，用特制的专用黄板诱杀，效果较好。

（3）化学防治　即在虫口密度低时及早喷药，每周1次，连续3次。可选用25%噻嗪酮可湿性粉剂1 500倍液，或25%灭螨猛可湿性粉剂1 000倍液，或2.5%氯氟氰菊酯乳油2 000～3 000倍液，或2.5%溴氰菊酯乳油2 000～3 000倍液，或2.5%联苯菊酯乳油2 000～3 000倍液，或20%氰戊菊酯乳油2 000～3 000倍液等，也可用联苯菊酯烟雾剂或80%敌敌畏乳油配制的烟雾剂熏蒸。

（三）潜叶蝇

1.危害特点　潜叶蝇又名潜蝇、蔬菜斑潜蝇、蛇形斑潜蝇、甘蓝斑潜蝇、美洲斑潜蝇等。分布广，寄主有瓜类、十字花科、茄科等21科170余种植物，成虫、幼虫均可危害。潜叶蝇以蛹在被害叶内越冬，南方无越冬现象。越冬蛹春天羽化，先吸花蜜，交尾后产卵，多产在幼叶叶缘组织中，孵化后在叶内潜食，产生不规则蛇形白色虫道，被害处仅留下上、下表皮。末龄幼虫，可咬破食道，落入土中或土表、叶表化蛹。虫道内有黑色虫粪。危害严重田块受害株100%，叶片受害70%。危害严重时，吃尽叶肉或导致被害叶萎蔫枯死（图6-31）。

图6-31　潜叶蝇危害西葫芦叶片

2．防治方法

（1）消灭虫源　果实采收后，清除植株残体并烧毁。农家肥要充分腐熟，以免引诱种蝇产卵。

（2）化学药剂　在产卵期和孵化初期防治，主要使用药剂有：25%灭幼脲悬浮液、98%杀螟丹可溶性粉剂1 500～2 000倍液，或1.8%阿维菌素乳油2 000倍液，或48%毒死蜱乳油800倍液，或5%氟啶脲乳油2 000倍液，或5%氟虫脲乳油2 000倍液，或20%甲氰菊酯乳油1 000倍液。上述农药可交替使用，每周1～2次，连喷3次即可。

（四）蜗　牛

1．危害特点　蜗牛也叫蜓蚰螺、水牛，有灰巴蜗牛、同型巴蜗牛等之分。蜗牛分布广，寄主有十字花科、豆科、茄科、葫芦科等多种作物，危害作物茎、叶、幼苗、花及嫩果，严重时造成缺苗断垄。危害西葫芦花冠、幼果，造成幼果腐烂脱落（图6-32至图6-35）。

图6-32　蜗牛蚕食花冠

| 图 6-33　蜗牛对花冠危害状 | 图 6-34　蜗牛蚕食果实 |

图 6-35　蜗牛蚕食叶片

2. 防治方法

（1）农业防治　及时清除田园及其周边杂草，合理密植，以保持土壤处于合理的湿度。

（2）化学防治　每平方米用 10% 四聚乙醛颗粒剂 1.5 克，均匀撒施于田间，诱杀蜗牛。